はじめに

　2015年12月にうれしいニュースが飛び込んできました。化学の国際学会（IUPAC）によって、113番元素の発見者として、日本の理化学研究所が認定されました。そして、2016年6月、この元素の名前を国名にちなんで、「ニホニウム（元素記号Nh）」とすることが提案されました。新元素として、日本の国名に由来するものが仲間入りするかもしれないなんてワクワクしますね。

　この本では、今回新たに仲間入りするニホニウムを含めた118の元素たちを、"元素シティ"の住人に見立て、それぞれのファミリーのメンバーとともに紹介しています。元素はそれぞれに個性があり、同じような性質をもつ「族」というファミリーをかまえています。どのファミリーに属しているのかがわかると、その元素の性質がだいたいわかります。元素シティの代表格といってもいい、1番元素の水素市長にそれぞれのファミリーとその元素たちを紹介してもらいますので、楽しく読み進めてください。

東京理科大学 理学部 化学科教授　宮村一夫

※本書では、2016年6月に提案された「ニホニウム」を113番元素の名前にしています。

この本の使い方

この本では、さまざまな元素が"元素シティ"に暮らすキャラクターとなって登場し、個性豊かな元素たちの特色や主な使われ方を学ぶことができます。ここでは、ページに何が書かれているかを説明します。

原子番号
原子核の中にある陽子の数を示した番号

元素記号
元素を表す世界共通の記号

元素名
日本で使われる元素の名前

「こんな特色があるぞ」
元素の性質や存在する場所などを解説

「ここで働いているぞ」
元素の使われ方を解説

「こんな化合物に！」
ほかの元素とくっついてできる主な化合物を紹介

「基本データ」
常温の状態：常温(25℃)のときの元素の状態
原子量：原子の質量。水素原子の質量の何倍であるかを示す
密度：1㎤あたりの質量
融点：固体から液体になるときの温度
沸点：液体から気体になるときの温度
発見：元素が発見されたとされる年

「こんな元素じゃ」
元素の性質や使われ方などを解説

「元素の豆知識」
元素についてより詳しく解説

もくじ

はじめに …………………………… 2	ベリリウムさん …………………… 28
この本の使い方 …………………… 3	マグネシウムさん ………………… 29
元素について ……………………… 6	
元素シティにニホニウムがやってきた！…… 8	▶ 亜鉛ファミリー …………………… 30
ここが元素シティだ！ …………… 10	亜鉛さん …………………………… 32
	カドミウムさん …………………… 34
水素市長 …………………………… 12	水銀さん …………………………… 35
▶ アルカリ金属ファミリー ………… 14	▶ ホウ素ファミリー ………………… 36
リチウムさん ……………………… 16	ホウ素さん ………………………… 38
ナトリウムさん …………………… 18	アルミニウムさん ………………… 40
カリウムさん ……………………… 19	ガリウムさん ……………………… 41
ルビジウムさん …………………… 20	インジウムさん …………………… 42
セシウムさん ……………………… 21	タリウムさん ……………………… 43
フランシウムさん ………………… 21	
	▶ 炭素ファミリー …………………… 44
▶ アルカリ土類金属ファミリーほか … 22	炭素さん …………………………… 46
カルシウムさん …………………… 24	ケイ素さん ………………………… 48
ストロンチウムさん ……………… 26	ゲルマニウムさん ………………… 49
バリウムさん ……………………… 27	スズさん …………………………… 50
ラジウムさん ……………………… 27	鉛さん ……………………………… 51

▶ 窒素ファミリー ……………… 52
　窒素さん ……………………… 54
　リンさん ……………………… 56
　ヒ素さん ……………………… 57
　アンチモンさん ……………… 58
　ビスマスさん ………………… 59

▶ 酸素ファミリー ……………… 60
　酸素さん ……………………… 62
　硫黄さん ……………………… 64
　セレンさん …………………… 65
　テルルさん …………………… 66
　ポロニウムさん ……………… 67

▶ ハロゲンファミリー ………… 68
　フッ素さん …………………… 70
　塩素さん ……………………… 72
　臭素さん ……………………… 73
　ヨウ素さん …………………… 74
　アスタチンさん ……………… 75

▶ 希ガスファミリー …………… 76
　ヘリウムさん ………………… 78
　ネオンさん …………………… 80
　アルゴンさん ………………… 82
　クリプトンさん ……………… 83
　キセノンさん ………………… 84
　ラドンさん …………………… 85

▶ 遷移金属ファミリー ………… 86
　金さん ………………………… 88
　銀さん ………………………… 89
　銅さん ………………………… 89

▶ ランタノイドファミリー …… 90

▶ アクチノイドファミリー …… 92

▶ ニホニウムファミリー ……… 94

元素について

ワシは元素シティ・市長の水素じゃ。ワシ自身や住人たちの紹介はあとでするとして、ここでは元素シティをめぐる前に、"これだけは知っておきたいこと！"を解説するぞ。

物質をつくる原子

まわりにあるものを見てみるのじゃ。机やイス、鉛筆や消しゴム、いろんなものがたくさんあるじゃろう。それらはすべて、とてもとても小さな粒が集まってできておる。その粒のことを「原子」というんじゃ。身のまわりの道具だけじゃない。生き物の体や、太陽や月なんかもそう。宇宙にあるものはすべて原子からできておる。

原子とは物質を形づくる粒で、いろんな種類があるんじゃ。そして、その原子の種類を表す言葉を「元素」と呼ぶぞ。

自然の中には、もともと水素や酸素など約90種類の元素があって、それぞれ性格が違っているんじゃ。最近では人間がつくりだした元素もあって、現在118種類の元素があるんじゃよ。

水をつくる原子

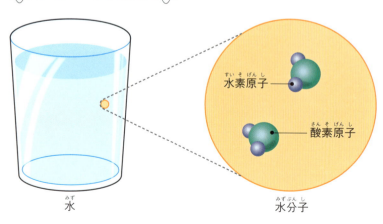

水は、酸素と水素が結びついてできた物質。酸素原子1個と水素原子2個が結びついて、水の分子をつくっている。「分子」とは物質の性質をもった最も小さな単位で、分子にならないと水の性質にはならない。

原子をつくる陽子・中性子・電子

もっとじっくり原子を見てみよう。原子の中心には大きな粒があり、そのまわりを小さな粒がまわっておるぞ。大きな粒は「原子核」、小さな粒は「電子」じゃ。原子核をよく見ると、「陽子」と「中性子」という2種類の粒が集まってできておる。元素の違いは、陽子の数が違うことによるんじゃ。陽子は＋、電子は－の電気を帯びておるが、原子の中で陽子と電子の数は同じなので、原子全体では電気を帯びていない状態じゃ。

電子は、原子核のまわりの「電子殻」という道の上をまわっておる。電子殻はいくつかあって、それぞれの電子殻に入れる電子の数は決まっておるんじゃ。

原子のつくり（ナトリウム原子）

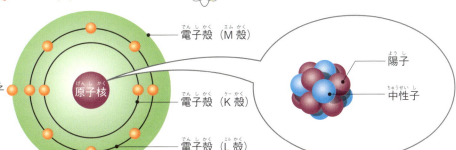

電気を帯びたイオン

元素によっては、いちばん外側の電子殻をまわっている電子がどこかに行ってしまったり、逆にいちばん外側の電子殻に外から電子が入ってきたりすることがある。電子は－の電気を帯びているので、電子が減ると原子は＋の電気、電子が増えると原子は－の電気を帯びることになる。そんなふうに電気を帯びた状態を「イオン」と呼ぶんじゃ。

陽イオンと陰イオン

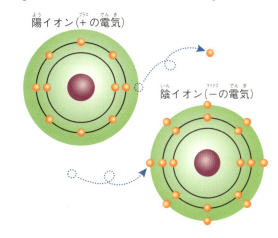

解説　1869年、ロシアの化学者メンデレーエフは元素を原子量順にならべた周期表を発表しました。この周期表は現在の周期表とちがい空欄があって、未発見の元素があることを予測していました。その後、未発見だった元素がつぎつぎと発見され、20世紀以降は人工元素がつくられるようになりました。
日本でも、2004年に理化学研究所の研究グループが、83番元素のビスマスに30番元素の亜鉛を何度も衝突させることで113番元素をつくることに成

功し、2005年、2012年にも成功を報告していました。2015年12月、化学の国際学会（IUPAC）により113番元素の発見者として、理化学研究所が正式に認められたため、2016年6月、理化学研究所の研究グループは、113番元素の名前を「ニホニウム（元素記号Nh）」にすると提案しました。

₁H 水素(すいそ) 市長(しちょう)

宇宙で最初に誕生した元素！

こう見えて、ワシはとてもエネルギッシュなんじゃ

基本データ

◆ 常温の状態：気体　　◆ 原子量：1.00794　　◆ 密度：0.00008987g/㎤
◆ 融点：−259.14℃　　◆ 沸点：−252.87℃　　◆ 発見：1766年

水素市長

こんな特色があるぞ

ワシは元素シティ・市長の水素じゃ。地球の空気中ではごくわずかじゃが、宇宙全体では最もたくさん存在する元素なんじゃ。元素が最初に誕生したのは、宇宙が生まれてから約38万年後じゃが、ワシはそのときに生まれた最も古くからいる元素なんじゃよ。そんなワシじゃから、市長に選ばれたのかのう。

ワシはあらゆる元素の中でいちばん小さくて、いちばん軽いんじゃ。陽子1個のまわりを電子が1個まわっているというシンプルさが特徴じゃな。色もなく匂いもない。しかし、酸素さん（→P.62）と混ざったワシは、火がつきやすいから気をつけてくれ。いつ引火するかわからんぞ。

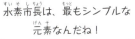
水素市長は、最もシンプルな元素なんだね！

ここで働いているぞ

ワシはすごくエネルギッシュなんじゃ。あの熱くて明るい太陽の燃料も、このワシじゃよ。よくエネルギーに使われておるぞ。

酸素さんとある比率で反応させると大爆発するんじゃが、「液体燃料ロケット」と呼ばれるタイプのロケットは、この反応を利用して宇宙へ飛んで行くんじゃ。また、酸素さんともっとのんびり反応させると、電気を取り出すこともできるぞ。それで、「燃料電池」という発電装置もつくられておる。発電したあとで水しか出ないから、クリーンなエネルギー源として注目されているんじゃ。

ほかにも、生物の遺伝情報を伝えるDNAは、らせん状の2本の鎖がゆるく結びついているんじゃが、これはワシが結びつけておるんじゃ。

こんな化合物に！

水くん

水くんは、ワシと酸素さんが結びついてできた化合物じゃ。H_2Oという分子式で表されるぞ。人の体は、大人で約60％、子供で約70％が水くんでできておって、生きていくのに必要ないろいろな反応が水くんの中で起きておるんじゃ。また、地球上で最初の生命も、水くんの中で生まれたといわれておる。水くんがいなければ、みんな生きていけない。とても大切な化合物なんじゃよ。

アルカリ金属ファミリー

ナトリウムさん⑪
リチウムさん③
カリウムさん⑲

　アルカリ金属ファミリーは軽いほうから、リチウムさん、ナトリウムさん、カリウムさん、ルビジウムさん、セシウムさん、フランシウムさんの6名じゃ。
　アルカリ金属ファミリーの元素たちは、どれも水や酸素さんと反応しやすい。空気中に置いておくだけで勝手に反応してしまうほどなんじゃ。いちばん外側の電子殻には電子が1個しか入っておらん。電子が1つだけあることが、どうにも落ち着かないようで、その電子を放り出したくてしかたがないようなんじゃ。とっても気が短い性格のファミリーなんじゃよ。そのため、化学反応を起こしやすいんじゃな。化学反応は、原子番号が大きくなるほど起こしやすいぞ。反応し

ないように、保管しておきたいときは石油の中に入れておかれるんじゃ。油まみれになるのはイヤかもしれんが、そうでもしないとすぐに自分でなくなってしまうんじゃから、しかたがないことかもしれんのう。

「金属」というと、とても硬いと思うじゃろう。しかし、アルカリ金属ファミリーの元素たちは、ナイフで削れるほどやわらかいんじゃよ。火の中に入れると、きれいな色を出すのも、このファミリーの特徴じゃな。

ほかにもアルカリ金属ファミリーは、軽いという共通の性質があるぞ。

3 Li リチウムさん

電池の材料として大人気！

スマートフォンが動くのはオレのおかげさ。

基本データ
- ◆常温の状態：固体
- ◆原子量：6.941
- ◆密度：0.534g/cm³
- ◆融点：180.54℃
- ◆沸点：1350℃
- ◆発見：1817年

アルカリ金属ファミリー

こんな特色があるぞ

　リチウムさんは、アルカリ金属ファミリーの中でいちばん軽いだけではなく、たくさんある金属の元素の中でも最も軽いぞ。意外じゃろうが、金属なのに水に浮くんじゃ。ただし、水に入れるとワシ（水素）を発生しながら溶けてしまうので、本人はあまり水には入りたくないかもしれんのう。

　リチウムさんは、ナイフで切り取ることができるほどやわらかい。また、火の中に入れると深紅色に光るんじゃ。最近はいろいろなところで利用されるようになっておるんじゃが、取れる量が少ないぞ。でも、海にはたくさんいるから、海水から取り出す方法が研究されておるんじゃ。

水に浮くほど、軽い金属なんだね。

ここで働いているぞ

　リチウムさんは、身のまわりで大活躍しているぞ。携帯型ゲーム機やスマートフォンなどで使われておるリチウムイオン電池に利用されているんじゃ。リチウムイオン電池はコンパクトで、たくさんの電気を効率よく起こすことができるんじゃよ。

　リチウムさんからできる化合物の炭酸リチウムは、「躁うつ病」という病気の薬として使われているぞ。また、水酸化リチウムは二酸化炭素を吸収する性質があるから、国際宇宙ステーションで二酸化炭素を取り除くための補助装置に使われておる。

　ほかの金属にリチウムさんをちょっと混ぜて合金をつくることもある。例えば、マグネシウムさん（→P.29）に混ぜたマグネシウムリチウム合金は丈夫で軽いんじゃ。

元素の豆知識　**炎色反応と花火**

　リチウムさんを火に入れると深紅色に光るように、元素を火に入れたとき、その元素特有の色に光ることを「炎色反応」というんじゃ。この反応は、アルカリ金属ファミリーとアルカリ土類金属ファミリーのほか、銅さん（→P.89）などでも起きるぞ。ナトリウムさん（→P.18）は黄色、カリウムさん（→P.19）は紫色、カルシウムさん（→P.24）は橙色、ストロンチウムさん（→P.26）は赤色、バリウムさん（→P.27）は緑色、銅さんは青緑色の炎色反応を示すんじゃ。花火のきれいな色は、この反応を利用しておるんじゃよ。

¹¹Na ナトリウムさん

食塩になる元素！

基本データ
- 常温の状態：固体
- 原子量：22.98977
- 密度：0.971g/cm³
- 融点：97.81℃
- 沸点：882.9℃
- 発見：1807年

わたしは家事に欠かせないわよ。

こんな元素じゃ

ナトリウムさんも軽い金属で水に浮くぞ。ただし、水に入れると爆発するから注意が必要じゃ。また、火の中に入れると黄色く光るぞ。地球の表面である地殻や海の中には、化合物になった彼女がたくさんいるんじゃよ。

ナトリウムさんの化合物でいちばん有名なのは、塩素さん(→P.72)と結びついてできた食塩じゃな。ほかにも重曹や石けんなどに含まれておるぞ。重曹はクッキーを膨らませるためなどに使われるんじゃ。家事に役立つ元素といえるな。

人の体の中にも、ナトリウムさんはたくさんいて、体の水分調整や筋肉の収縮など大事な働きをしておるんじゃよ。

19 K カリウムさん

アルカリ金属ファミリー

肥料の三要素の1つ！

オラは植物を育てるのが好きなんだ。

基本データ

- 常温の状態：固体
- 原子量：39.0983
- 密度：0.862g/㎤
- 融点：63.65℃
- 沸点：774℃
- 発見：1807年

こんな元素じゃ

　カリウムさんは、空気中に置いておくだけで火が出ることがあるくらい反応しやすい性質の持ち主じゃ。火に入れると紫色に光るんじゃ。また、彼の化合物は火薬に使われており、花火などで利用されておるぞ。

　特技は、植物を育てることじゃ。なにせ植物の成長に必要な元素だからのう。窒素さん（→P.54）やリンさん（→P.56）とともに肥料の三要素の1つなんじゃよ。まさに元素シティの農家ともいえるな。

　また、ナトリウムさんといっしょになって、体の水分調整をしたり、神経細胞の信号を伝えたりなど、人体にとっても大事な仕事をしておるんじゃぞ。

37 Rb ルビジウムさん

年代測定に使われる！

わたしは岩石ができた時代がわかるわ。

基本データ
- 常温の状態：固体
- 原子量：85.4678
- 密度：1.532g/c㎥
- 融点：38.89℃
- 沸点：688℃
- 発見：1861年

こんな元素じゃ

ほかのファミリーのメンバーと同じく、ルビジウムさんもやわらかく軽い金属じゃが、水には浮かばぬ。

ルビジウムさんは、原子に電磁波をあてて起こる規則的な変化を利用した、原子時計という時計に用いられておるぞ。1年間に0.1秒程度しか誤差が出ないほど、正確なんじゃ。彼女を使った原子時計は、比較的値段が安いからGPS受信機などにも利用されておるぞ。

ルビジウムさんの中には、放射能をもったものもおるよ。その性質を利用すれば、大昔の岩石がいつごろできたのかを知ることができるぞ。まるで考古学者のような元素じゃな。

アルカリ金属ファミリー

55 Cs セシウムさん

「1秒」の定義にされた！

基本データ
- ◆常温の状態：固体
- ◆原子量：132.9054
- ◆密度：1.873g/cm³
- ◆融点：28.4℃
- ◆沸点：678.4℃
- ◆発見：1860年

こんな元素じゃ

セシウムさんはファミリーの中で、いちばん化学反応しやすい。水に入れると大爆発するし、空気中に置いておくだけでも自然に火が出てしまうほどじゃ。

セシウムさんを使った原子時計はとても正確で、30万年に1秒程度しか誤差がない。彼が起こす規則的な変化が、国際的に「1秒」とされておるんじゃよ。

87 Fr フランシウムさん

天然では最後に発見された元素！

基本データ
- ◆常温の状態：固体
- ◆原子量：223
- ◆密度：1.87g/cm³
- ◆融点：27℃
- ◆沸点：680℃
- ◆発見：1939年

こんな元素じゃ

フランシウムさんは地球にある量がとても少なく、地球全体で15gくらいしかないといわれておる。それに放射線を出しながら、すぐにラドンさん（→P.85）に変身してしまうから性質はよくわかっておらんのじゃ。発見した人の生まれた国がフランスだったので、それにちなんでフランシウムという名前になったんじゃよ。

アルカリ土類金属ファミリーほか

カルシウムさん⑳
ストロンチウムさん㊳
バリウムさん㊶

　アルカリ土類金属ファミリーはみんな、いちばん外側の電子殻に2個の電子が入っておって、その2個の電子を放り出して陽イオンになりたがるぞ。いちばん外側の電子が1個のアルカリ金属ファミリーに比べると、2個ある分だけ電子を放り出しにくいんじゃ。つまり、アルカリ金属ファミリーほど気が短くはないんじゃが、怒らせるとやっかいじゃぞ。空気や水とも反応してしまうほど、反応しやすい元素たちじゃからな。

　メンバーは軽いほうから、カルシウムさん、ストロンチウムさん、バリウムさん、ラジウムさんの4名がおる。4名とも炎に入れると炎色反応を示すところも、アルカリ金属ファミリーと似

マグネシウムさん⑫

ラジウムさん㊽

ベリリウムさん④

ておるところじゃ。
　しかし、アルカリ金属ファミリーと比べると、沸点や融点はだいぶ高いぞ。例えばカルシウムさんとカリウムさんを比べると、沸点はカリウムさんが774℃でカルシウムさんが1480℃、融点はカリウムさんが63.65℃でカルシウムさんが839℃なんじゃ。
　ここで登場しておるベリリウムさんとマグネシウムさんも、いちばん外側の電子殻に電子が2個入っておるんじゃが、実はアルカリ土類金属ファミリーではないんじゃ。ファミリーのメンバーと違って、この2名は常温の水と反応しないなど、性質が異なる点があるんじゃな。

20 Ca カルシウムさん

骨や歯の主成分になる！

オレが足りなくなると、骨がもろくなるぜ。

基本データ
- 常温の状態：固体
- 原子量：40.08
- 密度：1.55g/c㎥
- 融点：839℃
- 沸点：1480℃
- 発見：1808年

アルカリ土類金属ファミリーほか

こんな特色があるぞ

カルシウムさんは骨や歯の主な成分になる元素として有名じゃな。地殻にある金属の中では、アルミニウムさん(→P.40)と鉄さん(遷移金属ファミリー)の次にたくさん存在しておる。石灰岩という岩石の中に、化合物となってたくさんおるんじゃ。

火に入れると橙色に光って、水に入れるとワシ(水素)を出しながら溶けてしまうぞ。

また、空気中に置いておくと酸素さんなどと反応してしまうから、化合物もたくさんあるんじゃ。

人体の中にもたくさんいて、大人だと1kgくらいはあるそうじゃ。足りなくなると、「骨粗しょう症」という病気になることがあるぞ。

人の体に必要な元素なんだね。

ここで働いているぞ

体の中で活躍するカルシウムさんは、骨や歯ではリン酸カルシウムなどの化合物となって働いているんじゃ。血液の中などにも存在していて、足りなくなると骨から溶け出して補うから、骨の中のカルシウムさんが不足してしまうぞ。要注意じゃ。

プールの消毒などに使われるカルキは、塩素さん、酸素さんとの化合物じゃ。また、消石灰と呼ばれる水酸化カルシウムが、牧場などで消毒薬に使われることもある。鳥インフルエンザが見つかったとき、鳥小屋にまかれた白い粉は消石灰なんじゃよ。

貝殻やサンゴなどは主に炭酸カルシウムという化合物からできておる。石灰岩は、そういった生物の殻がたまってできたものなんじゃ。

こんな化合物に!

炭酸カルシウムちゃん

炭酸カルシウムちゃんは、カルシウムさんと炭素さん(→P.46)、酸素さんの化合物じゃ。山口県の秋芳洞などの有名な鍾乳洞は、炭酸カルシウムちゃんでできた石灰岩の大地が、二酸化炭素を含んだ雨水や地下水で溶けてできた洞くつじゃ。洞くつの天井からポタポタと水が落ちるときに、水滴に含まれている炭酸カルシウムちゃんが沈殿することで、つららやタケノコのような鍾乳石ができるんじゃよ。

38 Sr ストロンチウムさん

鮮やかな赤色に燃える！

基本データ
- 常温の状態：固体
- 原子量：87.62
- 密度：2.54g/cm³
- 融点：769℃
- 沸点：1380℃
- 発見：1808年

花火大会はワシが盛り上げるぞ！

こんな元素じゃ

　ストロンチウムさんはやわらかい金属で、火に入れると赤色に輝くぞ。だから、花火や発煙筒などに使われておる。鮮やかな赤色じゃから、とくに花火では大活躍なんじゃよ。
　同じファミリーのカルシウムさんと性質が似ておって、体の中で骨にくっついていることもあるぞ。ふつうは害はないんじゃが、放射能をもったストロンチウムさんがくっつくと、まわりの骨を傷つけてしまうことがあるんじゃ。危険なところもあるが、この性質を利用して、骨のがん治療にも使われておるよ。彼にがん細胞をやっつけてもらうんじゃ。
　自然界では天青石という空色の結晶をつくる鉱物に含まれておるぞ。

56 Ba バリウムさん

アルカリ土類金属ファミリーほか

健康診断で大活躍！

基本データ
- ◆常温の状態：固体
- ◆原子量：137.327
- ◆密度：3.5g/cm³
- ◆融点：725℃
- ◆沸点：1640℃
- ◆発見：1808年

こんな元素じゃ

火に入れると緑色の光を出すバリウムさん。健康診断で行う胃のＸ線検査で活躍中じゃ。このとき飲む白い液体は、硫酸バリウムという化合物で、Ｘ線を通しにくいから、胃の内部が白く写し出されるというワケじゃ。

砂漠では、バリウムさんを含む化合物は、バラのような形の石になることもあるぞ。

---

88 Ra ラジウムさん

キュリー夫人が発見した！

基本データ
- ◆常温の状態：固体
- ◆原子量：226.0254
- ◆密度：5g/cm³
- ◆融点：700℃
- ◆沸点：1140℃
- ◆発見：1898年

こんな元素じゃ

ラジウムさんはキュリー夫人が発見した放射能をもつ金属じゃ。放射線を出しながら壊れて、ラドンさんなどに変身する。自然界にはほとんどいないぞ。

塩化ラジウムという化合物は暗闇で緑色に光るので、夜光塗料などに使われていたことがある。でも、人体に悪い影響を与えるから、いまは使われなくなったんじゃ。

4 Be ベリリウムさん

宇宙空間で力を発揮！

「毒があるけど、嫌わないでね。」

基本データ
- ◆ 常温の状態：固体
- ◆ 原子量：9.01218
- ◆ 密度：1.848g/㎤
- ◆ 融点：1280℃
- ◆ 沸点：2970℃
- ◆ 発見：1828年

こんな元素じゃ

　ベリリウムさんは、宝石のエメラルドやアクアマリンになる緑柱石という鉱物に含まれておるぞ。甘い味がするそうじゃが、絶対になめてはダメじゃ！　彼は毒性が強く、肺に入ると肺がんになることもあるんじゃからな。

　そんなベリリウムさんじゃが、ちょっと混ぜるだけで、銅さんを何倍も強くすることができるぞ。この合金のベリリウム銅はハンマーなどの工具に用いられておる。

　また、開発中のジェイムズ・ウェッブ宇宙望遠鏡の主鏡の材料としても使われておる。宇宙空間はとても温度が低いが、ベリリウムさんはそんな場所でも変形しないので採用されたんじゃな。

12 Mg マグネシウムさん

アルカリ土類金属ファミリーほか

植物の光合成に必須！

にがりの主成分になるよ

基本データ
- 常温の状態：固体
- 原子量：24.305
- 密度：1.738g/cm³
- 融点：648.8℃
- 沸点：1090℃
- 発見：1828年

こんな元素じゃ

　マグネシウムさんは、あのアルミニウムさんよりも軽い金属で、火をつけると閃光を放つぞ。飛行機や自動車は、軽いほうが燃料をあまり使わなくてすむので、マグネシウム合金が使われることがあるんじゃ。また、豆腐を固めるときに使う「にがり」も、マグネシウムさんの化合物じゃな。これは塩化マグネシウムというぞ。
　彼は生き物に必要な元素で、とくに植物にとって重要なんじゃ。植物は太陽の光を利用し、光合成を行って養分をつくっておるが、その光合成には葉緑素が必要なんじゃ。マグネシウムさんは、その葉緑素に含まれておるんじゃよ。

亜鉛ファミリー

亜鉛さん㉚

　亜鉛ファミリーは、いちばん外側の電子殻に電子が2個入っておるところは、アルカリ土類金属ファミリーと同じじゃ。しかし、性質までは似ておらんぞ。
　亜鉛ファミリーどうしでも、性質が違うところが多いんじゃ。メンバーは軽いほうから、亜鉛さん、カドミウムさん、水銀さんの3名がおる。このうち亜鉛さんとカドミウムさんは常温で固体じゃ。しかし、ただ1名水銀さんだけは液体なんじゃ。常温で液体の元素は珍しく、あらゆる元素の中でも2名しかおらん。もう1名はハロゲンファミリーの臭素さん（→P.73）じゃよ。
　ほかにも違うところがあって、亜鉛さんは味覚を正常にするなど人の体の中で活躍しておる

カドミウムさん㊽　水銀さん㊿

が、カドミウムさんや水銀さんは逆に人体にとって毒になるから要注意じゃぞ。たくさんの人が被害を受けた昭和の時代の「四大公害病」のうち、「イタイイタイ病」はカドミウムさん、「水俣病」「第二水俣病」は水銀さんが原因だったんじゃよ。

共通点といえば、金属としては沸点が低く、蒸発しやすいところじゃな。また、融点も低くて水銀さんは－38.842℃！　これは金属の中ではダントツに低いんじゃ。

亜鉛ファミリーは蒸発しやすいので、放浪癖があるファミリーとして覚えておくとわかりやすいかもしれんのう。

30 Zn 亜鉛さん

トタンとして鋼材を守る！

ぼくは味覚の正常化にも役立つよ。

基本データ
- ◆常温の状態：固体
- ◆原子量：65.38
- ◆密度：7.133g/㎤
- ◆融点：419.58℃
- ◆沸点：907℃
- ◆発見：1746年

亜鉛ファミリー

こんな特色があるぞ

亜鉛さんは、名前が鉛さん（→P.51）と似ておるが、まったく違う金属じゃよ。彼は人の体になくてはならないものじゃ。体の中では「酵素」と呼ばれる分子が、さまざまな化学反応を促しておる。酵素がなければ反応がうまく進まず困ってしまうんじゃよ。亜鉛さんは、いろいろな酵素に含まれておる、とても大切な元素で、足りないと食べ物の味を感じられない味覚障害などが起きることがあるんじゃ。それだけは避けたいのう。

ちなみに、ニホニウムくんは亜鉛さんとビスマスさん（→P.59）を衝突させて生まれた元素なんじゃよ。お父さんとお母さんみたいなもんじゃな。

ぼくにとって、亜鉛さんとビスマスさんは生みの親のような存在かな。

ここで働いているぞ

亜鉛さんは、トタンや合金で活躍しておる。トタンは、鉄さんの表面に亜鉛さんをメッキしたものじゃ。ふだんから鉄さんを守っているだけでなく、もしトタンの表面に傷ができても、傷のまわりの亜鉛さんが溶け出して鉄さんが腐食するのを防ぐぞ。亜鉛さんが自分の身を犠牲にして、鉄さんを守るというわけじゃな。

金属としては融点が低い亜鉛さんは、合金をつくるときに加工をしやすくするんじゃ。衝撃にも強くなるぞ。真鍮は亜鉛さんと銅さんの合金で黄銅ともいう。トランペットなどの金管楽器は真鍮でつくられておるし、5円玉も真鍮製なんじゃよ。

亜鉛さんはイオン化しやすいので、乾電池の－極にも使われているぞ。

こんな化合物に！

酸化亜鉛ちゃん

酸化亜鉛ちゃんは、亜鉛さんと酸素さんの化合物じゃ。文字通り亜鉛さんが酸化したものじゃな。白い粉末で、亜鉛華とか亜鉛白とも呼ばれるぞ。白いペンキや絵の具に使われるほか、紫外線をカットする効果があるため、繊維や化粧品などにも使われておる。また、炎症を抑える効果などがあることから、皮膚の薬として使われることもあるんじゃ。

48 Cd カドミウムさん

「イタイイタイ病」の原因！

わたしでつくった絵具は、モネにも愛されたんだよ。

基本データ
- 常温の状態：固体
- 原子量：112.41
- 密度：8.62g/cm³
- 融点：320.9℃
- 沸点：765℃
- 発見：1817年

こんな元素じゃ

　カドミウムさんの性質は亜鉛さん（→P.32）に似ていて、メッキとして使われることがある。腐食を抑える効果は、こっちのほうが大きいんじゃ。

　また、ニッケルさん（遷移金属ファミリー）とカドミウムさんを材料にしたニッカド電池に使われたり、カドミウムイエローと呼ばれる絵具に使われたりしていたんじゃが、人体にとって有害じゃから、いまでは使用が制限されておる。有名な公害「イタイイタイ病」は鉱山から出たカドミウムさんが、川の水に入っていたことが原因だったんじゃ。ちなみにカドミウムイエローは、有名な画家のモネも愛用しておったそうじゃよ。

80 Hg 水銀さん

亜鉛ファミリー

「水俣病」の原因！

> よく変わっていると言われます。

基本データ
- ◆ 常温の状態：液体
- ◆ 原子量：200.59
- ◆ 密度：13.546g/㎤
- ◆ 融点：−38.842℃
- ◆ 沸点：356.58℃
- ◆ 発見：不明

こんな元素じゃ

　水銀さんは、常温で銀色の液体になっている金属なんじゃ。金属なのに液体だなんて、とても変わっておるのう。表面張力が大きいので、丸っこくなっておるぞ。
　昔の中国では、水銀さんを不老不死の薬だと思っていた人たちもいたらしいんじゃ。でも、実際は人体にとって毒なんじゃよ。

1950年代から問題になった「水俣病」という公害病の原因としても有名じゃのう。
　温度を上げたときの膨張する割合が大きく、しかもその割合が温度によって変わらないので、温度計などにも使われてきたんじゃ。
　いまでも、身近なところでは蛍光灯の中で使われておるよ。

ホウ素ファミリー

ホウ素さん❺

アルミニウムさん⓭

　ホウ素ファミリーには5名の元素がおる。メンバーは、軽いほうからホウ素さん、アルミニウムさん、ガリウムさん、インジウムさん、タリウムさんじゃ。
　みんな、いちばん外側の電子殻に3個の電子が入っておる。しかし、このファミリーの性質は似ているところが少ないんじゃよ。とくにホウ素さんは個性的じゃ。電気を通しやすい金属と電気を通しにくい非金属の中間にあたる物質を「半導体」というんじゃが、ファミリーの中でホウ素さんだけはこの半導体の性質をもった半金属なんじゃ。ほかの4名はみんな金属で、やわらかいのが特徴じゃよ。

　このファミリーはもしかしたら親しみのある元素たちが多いかもしれなぁ。とくにアルミニウムさんにはなじみがあるんじゃないかのう？　地殻にたくさん存在していて、あらゆる金属の中でもいちばん多くいるんじゃ。それに生活の身近なところでもたくさん使われておるから、名前もよく聞いたことがあるじゃろう。だから、ある意味フレンドリーなファミリーといえるかもしれんのう。

　ほかにも、ホウ素さんは耐熱ガラスに使われておるし、ガリウムさんやインジウムさんなんかは、電気屋さんでよく見る製品に使われておるぞ。

5 B ホウ素さん

硬くて火や熱に強い！

> ぼくは元素シティの"消防士"ってところかな。

基本データ
- ◆常温の状態：固体
- ◆原子量：10.81
- ◆密度：2.34g/cm³
- ◆融点：2080°C
- ◆沸点：4000°C
- ◆発見：1892年

こんな特色があるぞ

　ホウ素さんは、黒っぽい色をした金属光沢のある半金属じゃ。自然界には単体では存在しておらず、ホウ砂などの鉱物として存在しているんじゃよ。ホウ砂といってもピンとこないかのう？　学校などの科学実験で、洗濯のりと混ぜてスライムをつくるときに使うものじゃよ。単体だと、実はダイヤモンドの次に硬いんじゃ。意外じゃろう？

　また、ホウ素さんは植物にとってなくてはならない元素の1つじゃ。植物の細胞壁をつくるために必要なんじゃ。2010年にノーベル化学賞を受賞した鈴木章博士は、有機ホウ素化合物の研究で受賞したんじゃ。

鈴木博士が開発した方法は、薬や液晶などをつくることに応用されているんだって。

ここで働いているぞ

　ホウ素さんといえば、耐熱ガラスをつくるときに活躍しておる。ふつうのガラスは、急に熱いお湯を注いだり、逆に急にものすごく冷やしたりすると、膨らんだり縮んだりして割れてしまうんじゃ。彼を使ったガラスは、膨らんだり縮んだりする割合が小さくなるので、割れにくくなるんじゃよ。

　また、ほかの金属との化合物も熱に強いんじゃ。ロケットのノズルなどに使われることだってあるぞ。ホウ素さんは、火や熱に強い元素なんじゃ。

　ほかには、ホウ素さんからつくったホウ素繊維は軽くて強いので、戦闘機などの機体の一部をつくるときに使われておる。2011年まで使われていたスペースシャトルでも活躍しておったんじゃよ。

こんな化合物に！

ホウ酸くん

　ホウ酸くんは、ホウ素さんと酸素さん、そしてワシ（水素）の化合物じゃ。ゴキブリ退治に使われるホウ酸だんごが有名じゃの。ホウ酸だんごは市販されているが、材料をそろえて自分でつくることもできるぞ。また、ホウ酸くんは人に対しても使われることがある。もちろん人をやっつけるためじゃないぞ。殺菌作用があるので、目の消毒薬などとして使われるんじゃ。

13 Al アルミニウムさん

アルミ缶でおなじみ！

わたしはみんなの生活を支えています。

基本データ
- 常温の状態：固体
- 原子量：26.98154
- 密度：2.6989g/cm³
- 融点：660.37℃
- 沸点：2470℃
- 発見：1825年

こんな元素じゃ

　アルミニウムさんは1円玉やアルミ缶など、身のまわりでたくさん使われておる。ほかの金属との合金は軽くて強いから飛行機や自動車にも使われておるぞ。また、電気を伝えやすいので送電線に使われたり、熱を伝えやすいので鍋に使われたりもするんじゃ。日常生活を身近で支える元素じゃな。

　アルミニウムさんは、地殻の中では酸素さん、ケイ素さん（→P.48）に次いで3番目に多い。金属に限るといちばん多いんじゃ。「ボーキサイト」という鉱石に含まれておるが、ボーキサイトからアルミニウムさんを取り出すのは、多くの電力が必要じゃ。だから、アルミ缶のリサイクルは大切なんじゃよ。

31 Ga ガリウムさん

ホウ素ファミリー

発光ダイオードになる！

こう見えてLEDで活躍中です。

基本データ
- 常温の状態：固体
- 原子量：69.72
- 密度：5.913g/cm³
- 融点：29.78℃
- 沸点：2400℃
- 発見：1875年

こんな元素じゃ

　ガリウムさんは融点が低く、金属の中では、水銀さん(→P.35)とセシウムさん(→P.21)の次に低いんじゃ。手であたためると、溶けてしまうじゃろうな。

　ガリウムさんが活躍する場所といえば、発光ダイオード(LED)じゃ。ヒ素さん(→P.57)との化合物であるヒ化ガリウムや、窒素さんとの化合物である窒化ガリウムなどが使われるぞ。電気を流すと光を出すんじゃが、消費電力が少ないなど、いいところがいくつもあるんじゃ。最近では照明や、信号機などにも使われるようになってきておる。ヒ化ガリウムは、DVDを読み書きする半導体レーザーとしても使われるぞ。

49 In インジウムさん

液晶ディスプレイで活躍！

基本データ
- 常温の状態：固体
- 原子量：114.818
- 密度：7.31g/cm³
- 融点：156.61℃
- 沸点：2080℃
- 発見：1863年

名前の由来はジーンズの染料「インディゴ」です。

こんな元素じゃ

　インジウムさんの最近の活躍場所は、なんといっても液晶ディスプレイじゃろうな。テレビやスマートフォン、タブレット機器など電気屋さんでよく見る製品にたくさん使われておるぞ。

　液晶ディスプレイには透明で電気を通す部品（透明電極）が必要なんじゃが、その材料にインジウムさんとスズさん（→P.50）、酸素さんの化合物である酸化インジウムスズが使われておる。

　ただ、彼は取れる量が少ないから再利用することが重要じゃ。本人には内緒じゃが、インジウムさんを使わない透明電極の研究もされておるんじゃよ。

81 Tl タリウムさん

ホウ素ファミリー

毒だが検査に役立つ！

名前はギリシア語で「新緑の小枝」という意味なの。

基本データ
- 常温の状態：固体
- 原子量：204.383
- 密度：11.85g/c㎥
- 融点：303.5℃
- 沸点：1457℃
- 発見：1861年

こんな元素じゃ

　タリウムさんは「新緑の小枝」を意味する名前なのに、ナイフで切れるほどやわらかい金属じゃ。火に入れると、緑色の光が出るぞ。そこは新緑じゃな。
　実は人体にとっては毒で、体の中で大事な働きをしているカリウムさんの邪魔をしてしまうんじゃ。また、硫酸タリウムなどの化合物も強い毒をもっておる。昔はネズミや害虫の駆除に使われていたが、危険なのでいまは使用されていないんじゃ。
　そんなタリウムさんじゃが、弱い放射能をもっているので、心筋細胞の検査にも使われておるよ。放射線は微量だから、体への影響はないそうなんじゃ。

炭素ファミリー

炭素さん⑥　ケイ素さん⑭

　炭素ファミリーの5名のメンバーは、いずれもいちばん外側の電子殻に4個の電子が入っておる。炭素さんは非金属で、重くなるにつれて金属の性質が強くなっていくんじゃ。ケイ素さんとゲルマニウムさんは半導体の性質をもった半金属、スズさんと鉛さんは金属じゃ。性質はあまり似ていない、まとまりのないファミリーじゃなぁ。

　このファミリーの元素たちは、現代社会のハイテク技術を支えるものや、昔から電子産業を支えてきたものたちじゃよ。いうなれば、元素シティが誇る博士・研究者ファミリーといってもよいじゃろう。

　炭素さんはプラスチックをつくるほかに、単体ではダイヤモンドや黒鉛、カーボンナノチューブなどの物質になる。これらはそれぞれ異なった性質をもっておるから、さまざまな分野で役立っておるぞ。ケイ素さんはパソコンやスマートフォンなどの電子機器になくてはならない半導体の原料じゃ。英語では「シリコン」といい、先端企業が集まったアメリカのカリフォルニア州北部は「シリコンバレー」と呼ばれておるぞ。ゲルマニウムさんは「トランジスタ」という半導体の部品で活躍しておったな。スズさんは電子部品を基盤に取り付ける「はんだ」で活躍しておるぞ。そういえば、鉛さんも昔は「はんだ」に使われておったのう。

6 C 炭素さん

黒鉛にもダイヤモンドにもなる！

> ワシからできるカーボンナノチューブに注目じゃ。

基本データ

- ◆ 常温の状態：固体
- ◆ 原子量：12.011
- ◆ 密度：3.53g/cm³
- ◆ 融点：3600℃
- ◆ 沸点：4800℃
- ◆ 発見：不明

※密度、融点、沸点はダイヤモンドの場合

こんな特色があるぞ

炭素さんは、ダイヤモンドや黒鉛になる元素じゃよ。黒鉛とは鉛筆の芯の原料じゃ。キラキラ輝くダイヤモンドと真っ黒な黒鉛は、ともに炭素さんだけでできているんじゃぞ。

また、人体にとっても重要な元素で、体内には酸素さんの次にたくさんおる。体の18％は彼なんじゃ。体をつくるタンパク質や脂肪、遺伝子の本体であるDNAも炭素化合物じゃよ。食べ物の栄養分にも化合物はたくさんいる。炭素化合物を食べて、体に必要な別の炭素化合物をつくっているわけじゃな。

ちなみに、石油や石炭は大昔の動植物の体の中にあった炭素化合物がもとになってできておるんじゃよ。

生き物にとって、炭素さんの化合物は大切なんだ。

ここで働いているぞ

生き物の命を支える炭素さんは、いろいろなところで活躍しておるぞ。

炭素化合物のプラスチックやペットボトルは、石油からつくられておるんじゃ。知っておったかな？ また、彼を材料にしてつくった糸のような物質に「炭素繊維」と呼ばれるものがあるぞ。これはアルミニウムさんよりはるかに軽く、鉄さんよりもはるかに強いんじゃ。炭素繊維を利用した材料は、飛行機や自動車、テニスラケットなど、多くのところで使われておるんじゃ。

さらに、炭素さんからできる「カーボンナノチューブ」にも注目じゃ。いくら曲げても折れないほど強く、電気や熱をよく伝えるから、さまざまな分野で実用化が期待されておるぞ。

元素の豆知識　炭素の同素体

鉛筆の芯などに使われる黒鉛と、宝石のダイヤモンド。見た目も性質もまったく違うんじゃが、どちらも炭素さんの原子だけでできておる。不思議じゃろう？ これは、実は原子の結びつき方が違うことで起きるのじゃ。このように、同じ元素でできておるのに原子の結びつき方が違うものは、「同素体」と呼ばれておるぞ。炭素さんの同素体はいくつもあって、カーボンナノチューブもその1つじゃよ。原子がチューブ状に結びついてできているんじゃ。だから、強いうえに弾力があるぞ。

14 Si ケイ素さん

LSIに利用される！

> 半導体の素材として現代社会を支えるわよ。

基本データ
- 常温の状態：固体
- 原子量：28.0855
- 密度：2.33g/㎤
- 融点：1410℃
- 沸点：2360℃
- 発見：1823年

こんな元素じゃ

　ケイ素さんは、地殻の中では酸素さんの次に存在する量が多い元素じゃ。石や砂には、酸素さんと結びついた二酸化ケイ素という化合物として、たくさんおる。水晶も主に二酸化ケイ素からできておるんじゃよ。
　彼女は半導体の性質をもっておる。半導体というのは、電圧の大きさなどを変えることで、電気を流したり流さなかったりする物質じゃ。パソコンなどの中にあるLSI（集積回路）に欠かせないものなんじゃ。
　また、炭素さんと結びついてできたシリコーンが、ソフトコンタクトレンズなどで使われておるぞ。彼女の英語名は「シリコン」じゃが、これは「シリコーン」じゃ。

32 Ge ゲルマニウムさん

炭素ファミリー

トランジスタに利用される！

わたしは初期の電子産業を支えていたんだよ。

基本データ
- 常温の状態：固体
- 原子量：72.63
- 密度：5.323g/cm³
- 融点：937.4℃
- 沸点：2830℃
- 発見：1885年

こんな元素じゃ

　ゲルマニウムさんは半金属で、半導体の性質をもっておるぞ。近ごろは半導体といえばケイ素さんが代表じゃが、最初のころはゲルマニウムさんが主役だったんじゃぞ。1947年に開発された「トランジスタ」という電子部品の半導体には、彼女が使われておったんじゃよ。

　赤外線カメラのレンズでは、いまでも現役で活躍しておるぞ。酸素さんとの化合物である酸化ゲルマニウムが使われておるが、ふつうのガラスと違い赤外線を吸収しないから、赤外線をとらえることができるんじゃ。ゲルマニウムさんには、まだまだがんばってもらいたいのう。

50 Sn スズさん

ブリキで有名！

オイラは加工しやすい金属なんだよ。

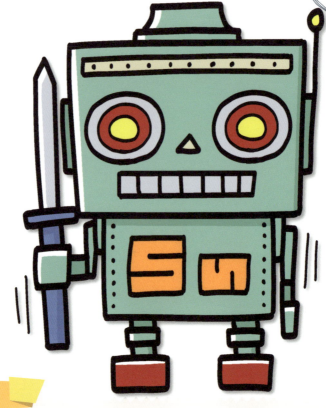

基本データ

- ◆ 常温の状態：固体
- ◆ 原子量：118.710
- ◆ 密度：5.80g/cm³
- ◆ 融点：231.9681℃
- ◆ 沸点：2270℃
- ◆ 発見：不明

こんな元素じゃ

スズさんは古くから知られている金属じゃ。合金やメッキとして使われることが多く、とくに銅さんとの合金は「青銅」といって、最も古くから使われている合金なんじゃよ。加工がしやすいので、いまでもいろいろなものに使われておる。10円玉硬貨もスズさんが少しだけ入っておるよ。

「ブリキ」って聞いたことあるかのう？　鉄さんをスズさんでメッキしたもののことじゃ。これは缶詰の缶や古いおもちゃなどに使われておるぞ。

電子部品を基盤に取り付ける「はんだ」や、液晶ディスプレイの透明電極にも利用されておる。電子産業でもまだまだ現役じゃな。

82 Pb 鉛さん

炭素ファミリー

自動車のバッテリーに利用される！

「最近は遠ざけられておるが、まだ活躍できるぞ。」

基本データ
- 常温の状態：固体
- 原子量：207.2
- 密度：11.35g/cm³
- 融点：327.502℃
- 沸点：1740℃
- 発見：不明

こんな元素じゃ

　鉛さんは、大昔から利用されてきた金属の1つで、エジプトでは紀元前3400年ごろにはもう使われていたというぞ。やわらかくて加工しやすいのが理由かもしれんな。

　しかし、鉛さんは人の体にとっては毒なんじゃ。体の中に少しずつたまっていくと、鉛中毒になってしまうんじゃぞ。昔は白粉やはんだの材料に含まれていたんじゃが、さすがにもう使われなくなっておる。

　いまでも鉛さんが活躍しているところは、自動車のバッテリーじゃ。これには鉛蓄電池が使われておる。また、X線などの放射線を通さないので、放射線をさえぎる必要があるときにも使われておるんじゃよ。

窒素ファミリー

窒素さん❼

リンさん⓯

　この窒素ファミリー、いちばん外側の電子殻に5個の電子をもっている点は共通しておるが、見た目も性質もいろいろじゃ。メンバーは、軽いほうから窒素さん、リンさん、ヒ素さん、アンチモンさん、ビスマスさんがおるよ。
　常温では窒素さんだけが気体で、リンさんなどほかの4名は固体になっておるぞ。窒素さんとリンさんは非金属、ヒ素さんとアンチモンさん、ビスマスさんの3名は半金属なんじゃ。
　ファミリーの中では窒素さんやリンさんが有名かもしれんが、実はみんな昔から知られておった。発見されたのがいちばん遅かったのは、窒素さんじゃな。

ビスマスさん83

アンチモンさん51

ヒ素さん33

　ファミリーの共通点としては、みんな生き物の体に関わりがあることじゃのう。とくに窒素さんとリンさんは人の体に必要な元素であり、また植物にとっても重要な元素なんじゃよ。彼らに、アルカリ金属ファミリーのカリウムさんを加えた3名は、「植物の三大栄養素」といわれておるんじゃ。覚えておいておくれよ。
　ヒ素さんとアンチモンさんは、人体にとって毒じゃが、ヒ素さんはほんのわずかな量は体に必要じゃ。ビスマスさんは医薬品に使われることもあるぞ。
　このファミリーは医者一家といえるかもしれんのう。

7 N 窒素さん

大地、植物、動物を循環する！

> ぼくは大気の中にたくさんいるんだよ。

基本データ
- ◆ 常温の状態：気体
- ◆ 原子量：14.0067
- ◆ 密度：0.0012507g/cm³
- ◆ 融点：−209.86℃
- ◆ 沸点：−195.8℃
- ◆ 発見：1772年

窒素ファミリー

こんな特色があるぞ

窒素さんは大気の中で最も多く、78％も占めているぞ。ただ、色も匂いもないんじゃ。大気中では、原子が2つくっついた分子の状態で浮かんでおる。窒素さんの分子は、ほかの物質とあまり反応しないのが特徴じゃ。

タンパク質の成分になるなど、体の中になくてはならない元素じゃな。大気中にいくらでもあるとはいえ、大気中からそのまま体の中に取り込むことはできんぞ。土の中の細菌が窒素化合物であるアンモニアをつくり、それを植物が取り込んでアミノ酸などをつくる。人はそれを食べることで、窒素さんを体の中に取り入れておるんじゃ。彼は植物にも必要な元素なんじゃよ。

窒素さんは肥料の成分としても使われているんだって。

ここで働いているぞ

ダイナマイトの原料になるニトログリセリンは窒素化合物じゃ。爆薬にもなるが、「狭心症」という心臓の病気の薬としても使われておるよ。体の中でニトログリセリンからできる一酸化窒素が、血管を広げる働きをするんじゃ。

お店で売っているお菓子や缶詰などの中には、窒素さんが入れられていることがあるぞ。これは酸素さんが食べ物を酸化させて味が落ちないようにするために、詰めておくんじゃよ。

沸点が約−195℃ととても低いので、液体窒素はものを冷やすための冷却剤として使われておるぞ。比較的値段が安いため、食品の冷凍などさまざまなところで利用されておるんじゃ。

こんな化合物に！

アンモニアちゃん

アンモニアちゃんは、窒素さんの原子1個とワシ（水素）の原子3個が結びついた化合物じゃ。常温では、きつい匂いのある無色の気体になっていて、水に溶けやすいんじゃ。肥料をつくるときの原料としてよく使われておるよ。体の中でも発生するんじゃが、人体には毒なので必要ないものじゃ。だから、体内のアンモニアちゃんは肝臓で尿素に変えられてから、おしっことして排出されるワケなんじゃ。

15 P リンさん

マッチの発火剤に使われる

> オレは動物にも植物にも必要なんだぞ。

基本データ
- ◆常温の状態：固体
- ◆原子量：30.97376
- ◆密度：1.82g/cm³
- ◆融点：44.1℃
- ◆沸点：280.5℃
- ◆発見：1669年

こんな元素じゃ

　リンさんは、おしっこを蒸発させた残りカスの中から発見されたんじゃ。体の中からおしっこと一緒に出てきたんじゃな。
　体にとって重要な元素で、骨や歯はカルシウムさんとともにつくる化合物が主役じゃ。また、DNAをつくったり、体の中でエネルギーを貯めておいたり運んだりするATPという分子もつくっているぞ。彼も植物にとって大切で、「植物の三大栄養素」の1つなんじゃよ。
　リンさんには同素体がいくつかある。白リンや赤リン、黒リンなどじゃ。白リンは毒があり、50℃くらいで自然に火が出る。赤リンは毒がなく、マッチ箱で使われておるぞ。

33 As ヒ素(そ)さん

窒素ファミリー

毒物として有名!

ヒヒヒ。わたしは毒にも薬にもなるぞ。

基本データ
- ◆ 常温の状態：固体
- ◆ 原子量：74.9216
- ◆ 密度：5.73g/cm³
- ◆ 融点：817℃
- ◆ 沸点：613℃
- ◆ 発見：不明

こんな元素じゃ

　ヒ素さんは半金属で、毒をもっておる。そのため、化合物も毒をもったものが多いぞ。昔から、たくさんの毒殺事件に使われてきた一方で、薬としても使われてきたんじゃ。いまでも三酸化二ヒ素(亜ヒ酸)という化合物が、白血病の薬として使われておるよ。

　ガリウムさん(→P.41)との化合物であるヒ化ガリウムは、半導体として優れものじゃ。ケイ素さんからつくる半導体よりも高速で、電力も少なくてすむぞ。ただ、つくるのが難しいのが玉に傷じゃがのう。発光ダイオード(LED)のほかに、太陽電池の材料としても使われることがあるんじゃ。電子産業でも活躍しておるんじゃな。

51 Sb アンチモンさん

クレオパトラも愛用した！

あたいは化粧品に使われていたの。実は毒だけど……。

基本データ
- 常温の状態：固体
- 原子量：121.75
- 密度：6.691g/cm³
- 融点：630.74℃
- 沸点：1635℃
- 発見：不明

こんな元素じゃ

アンチモンさんは古くから知られていて、昔は化粧品などに使われておった。古代エジプトの女王クレオパトラも、アイシャドウに使っていたといわれておるぞ。残念じゃが、毒をもっておるがの……。

彼女は半金属で、ケイ素さんにちょっと混ぜたものが半導体として使われておるよ。

ほかにもいろいろと役立っていて、たとえば酸素さんとの化合物である三酸化二アンチモンは、プラスチックやゴム、布などを燃えにくくする働きがあるんじゃ。カーテンやカーペットなどに使われているほか、燃えにくいプラスチックが電子機器などで使われておるよ。

83 Bi ビスマスさん

窒素ファミリー

鉛の代替品になる！

わたしの結晶は虹色に輝くわよ。

基本データ
- 常温の状態：固体
- 原子量：208.9804
- 密度：9.747g/cm³
- 融点：271.3℃
- 沸点：1560℃
- 発見：不明

こんな元素じゃ

ビスマスさんは半金属で、結晶になると美しい虹色になるぞ。やわらかいところなどは鉛さんと性質が似ておる。そのため害のある鉛さんの代わりに、はんだの材料などで使われておるよ。ビスマスさんは体に害がないからのう。

ビスマスさんと鉛さん、スズさん、カドミウムさん(→P.34)の合金は、約70℃で溶けてしまうから、消防用のスプリンクラーの口金などに使われておる。火事になると溶けて水が出るしくみじゃ。ほかにも胃薬や下痢止めなどの医薬品にも役立っておるぞ。

さっきもいったが、ニホニウムくんはビスマスさんと亜鉛さんからつくられたんじゃ。

酸素ファミリー

硫黄さん⑯

酸素さん⑧

　いちばん外側の電子殻に6個の電子をもっておる炭素ファミリーじゃ。彼らは窒素ファミリーと同じように、メンバーの性質はいろいろなんじゃ。軽いほうから酸素さん、硫黄さん、セレンさん、テルルさん、ポロニウムさんの5名がおるよ。
　酸素さんは常温で気体なんじゃが、ほかの4名は固体になっておる。酸素さんと硫黄さん、セレンさんは非金属で、テルルさんは半金属、ポロニウムさんは金属じゃよ。
　このファミリーは地球上でよく見られる元素たちじゃな。元素シティの有名人ファミリーといってもよいかもしれんのう。とくに酸素さんはスーパーアイドルじゃな。なにせ酸素ファミリー

　だけじゃなく、すべての元素を見渡しても、地殻に最もたくさん存在している元素じゃからのう。地殻の中だけではないぞ。海の中や人の体の中でもいちばん多いのは酸素さんなんじゃ。大気中ではいちばんではないが、それでも窒素さんの次に多い元素なんじゃよ。
　酸素さんほどではないが、硫黄さんも地殻の中にたくさんおるぞ。ファミリー内では、重くなるにしたがって存在する量が減っていくんじゃ。いちばん重いポロニウムさんは放射能をもっておって、放射線を出しながらほかの元素に変身してしまうので、地球上に存在する量は残念ながら少ないんじゃ。

8 O 酸素さん

地球の生き物を守る！

> ぼくは呼吸をする動物の味方さ。

基本データ

- ◆常温の状態：気体
- ◆原子量：15.9994
- ◆密度：0.0014289g/㎤
- ◆融点：−218.4℃
- ◆沸点：−182.96℃
- ◆発見：1771年

酸素ファミリー

こんな特色があるぞ

　酸素さんは色も匂いもない気体じゃ。大気では21％も占め、窒素さんの次にたくさん存在しておる。地殻や海では最も多いぞ。水はワシ（水素）と酸素さんの化合物なので、海に多いのはうなずけるじゃろう。

　また、人の体の中でも彼はいちばん多い元素なんじゃ。まさしく地球で最もポピュラーな元素じゃな。

　酸素さんがほかの元素とくっつく反応を「酸化」というぞ。鉄さんが錆びるのも酸化じゃな。鉄さんとくっつくと、酸化鉄に変わるんじゃ。酸化のときには、熱や光が出ることがある。ものが燃えるというのは、実は酸化が激しく起きていることなんじゃよ。

酸素さんは元素シティのスーパーアイドルだね。

ここで働いているぞ

　酸素さんは人の体の中で、ワシ（水素）と一緒になって水として存在しているほか、タンパク質などの成分にもなっておるよ。また、体を動かすためにもなくてはならない。息を吸って肺に入った酸素さんは、血液を通して体中に運ばれるんじゃ。そして、体のすみずみにある細胞で、体を動かすエネルギーをつくるために使われておるんじゃ。人だけじゃなく、呼吸をする動物みんなが生きていくのに必要な元素なんじゃ。

　大気中の酸素さんは原子が2つくっついた状態じゃが、3つくっついた状態のものもあって、「オゾン」と呼ばれておる。オゾンは上空20kmほどのところで層をつくり、太陽から届く生き物に有害な紫外線を吸収して防いでおるぞ。

こんな化合物に！

二酸化炭素くん

　二酸化炭素くんは酸素さんの原子2個と炭素さんの原子1個が結びついた分子じゃ。吐く息の中のほか、ものを燃やすと生まれるぞ。工場などで石油をたくさん燃やすと大量に生まれるんじゃが、最近では地球温暖化の原因と考えられていて問題になっておる。二酸化炭素くんは熱をためこむ性質があるから、増え過ぎると地表がまるで温室のように暑くなってしまうんじゃ。

16 S 硫黄(いおう)さん

「火山や温泉地で待っているでごわす。」

ゴムには欠かせない元素！

基本データ
- ◆ 常温の状態：固体
- ◆ 原子量：32.06
- ◆ 密度：2.07g/cm³
- ◆ 融点：112.8℃
- ◆ 沸点：444.674℃
- ◆ 発見：不明

こんな元素じゃ

　硫黄さんは火山や温泉などで見ることができるぞ。よく見られるのは黄色い結晶じゃ。よく温泉などで「硫黄みたいな匂いがする」っていう表現をすることがあるじゃろう。卵のくさったような匂いのことじゃよ。でも実は、彼自身に匂いはないんじゃ。あの匂いの正体は硫化水素という化合物の匂いなんじゃよ。ほかにもタマネギやニンニクの辛みや、匂いのもとになる成分は硫黄さんの化合物なんじゃよ。

　また、ゴムにも彼が入っておる。ゴムの原料だけだと一度伸びたらもとに戻らないんじゃが、おもしろいことに硫黄さんを入れることで伸び縮みするようになるんじゃ。

34 Se セレンさん

酸素ファミリー

老化を防止する！

基本データ
- 常温の状態：固体
- 原子量：78.96
- 密度：4.79g/㎤
- 融点：217℃
- 沸点：684.9℃
- 発見：1817年

> アタシは体の中に少しだけ必要なの。

こんな元素じゃ

　セレンさんの名前の由来は、ギリシア語で「月」という意味の「selene」。たくさんの同素体があるが、常温で安定しておるのは灰色セレンじゃな。非金属じゃが半導体の性質をもっていて、暗い場所では電気が通らない絶縁体なんじゃが、光をあてると電気がよく通るようになる。この性質を「光伝導性」というんじゃ。これを生かして、昔はコピー機の感光ドラムなどに使われておったよ。
　彼女は、人の体にはほんの少しだけ必要なんじゃ。それに、ビタミンCなどと一緒になって、老化の原因になる活性酸素などから人体を守るんじゃよ。でも、たくさん摂り過ぎると中毒になるから注意が必要じゃのう。

52 Te テルルさん

DVDディスクの書き換えに！

> オイラに触るとニンニク臭くなるぞ。

基本データ
- 常温の状態：固体
- 原子量：127.60
- 密度：6.236g/cm³
- 融点：449.5℃
- 沸点：989.8℃
- 発見：1782年

こんな元素じゃ

　テルルさんの名前の由来は、ラテン語で「地球」という意味の「tellus」じゃ。半導体の性質をもった半金属じゃぞ。熱を電気に変えたり、電気を熱に変えたりする「熱電変換」を行うための電子部品として、ビスマスさんとの合金が使われておる。また、DVDディスクやブルーレイディスクなどのデータを記録する場所にも、テルルさんの化合物が使われておるぞ。

　人の体の中にもほんの少しだけあるんじゃが、やはりたくさん摂り過ぎると毒じゃから気をつけるんじゃぞ。あまり機会はないかもしれんが、彼に触ると、息や汗がニンニク臭くなるから要注意じゃ。

84 Po ポロニウムさん

酸素ファミリー

とても強い放射能をもつ！

> 警告する。オレを危険なことに使わないでくれ。

ポホ基データ
- 常温の状態：固体
- 原子量：209
- 密度：9.32g/cm³
- 融点：254℃
- 沸点：962℃
- 発見：1898年

こんな元素じゃ

　ポロニウムさんは、キュリー夫妻が1898年に発見した強い放射能をもつ元素じゃ。自然にある元素では最も毒性が強いぞ。そのため、暗殺の道具にも使われたことがあるんじゃ。恐ろしいのう。ちなみにポロニウムさんは、タバコの煙にも含まれておるらしいぞ。

　そんなポロニウムさんなんじゃが、原子力電池に利用されておるぞ。原子力電池は寿命が長いため、太陽から遠く離れたところまで行く宇宙探査機で使われるんじゃ。放射線を出しながら鉛さんに変身するときに出す熱を利用して、発電するんじゃよ。彼にも活躍の場はあるんじゃな。

ハロゲンファミリー

フッ素さん ⑨

塩素さん ⑰

　ここに登場するフッ素さん、塩素さん、臭素さん、ヨウ素さん、アスタチンさんの5名は、ハロゲンファミリーのメンバーじゃ。フッ素さんから順に重くなっていくぞ。このファミリーはアルカリ金属ファミリーと同じで、性質がよく似ておるんじゃ。みんな、ほかの元素たちと反応するのが大好きなんじゃよ。
　ハロゲンファミリーの原子では、いちばん外側の電子殻に7個の電子が入っておる。いちばん外側の電子殻は、8個の電子があるときが最も安定するから、彼らは安定を求めて、どこかから電子を1個もらってきて陰イオンになりたがるんじゃ。もう、かまってほしくてたまらないんじゃ

な。このファミリーは、よくいえば"人懐っこい"、悪くいえば"かまってちゃん"なんじゃ。ファミリーの中で比較すると、フッ素さんがいちばん反応しやすい元素じゃ。それから、重くなるほど落ち着いた性格になっていくんじゃよ。

　常温の状態はファミリーの中でも違っていて、フッ素さんと塩素さんは気体、臭素さんは液体、ヨウ素さんは固体なんじゃ。このように３つの状態が同じファミリー内にあるのはハロゲンファミリーだけなんじゃよ。ちなみにアスタチンさんだけは人工的につくられた元素じゃから、自然界にはほとんど存在しておらんよ。

9 F フッ素さん

いろんな元素と反応する！

> ぼくと一緒に化合物をつくろうよ。

基本データ

- ◆ 常温の状態：気体
- ◆ 原子量：18.998403
- ◆ 密度：0.001696g/cm³
- ◆ 融点：−219.62℃
- ◆ 沸点：−188.14℃
- ◆ 発見：1886年

こんな特色があるぞ

フッ素さんは淡い黄緑色の気体で、刺激的な匂いがするぞ。すべての元素の中で、電子を引きつける力がいちばん強く、ほかの原子がもっている電子を引っぱり込もうとするから反応しやすいんじゃ。キセノンさん（→P.84）やクリプトンさん（→P.83）といった、ほかの元素と反応したがらない希ガスファミリーとすらも化合物をつくるほどじゃよ。ものすごいかまってちゃんじゃな。フッ素さんが反応しない元素は、ヘリウムさん（→P.78）とネオンさん（→P.80）くらいなもんじゃ。

実は単体では猛毒で、鉱物から取り出そうとして亡くなった人が何人もいたんじゃ。罪なヤツじゃのう。

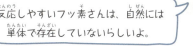

反応しやすいフッ素さんは、自然には単体で存在していないらしいよ。

ここで働いているぞ

フッ素さんは、単体ではとても反応しやすいんじゃが、化合物になると反対にとても安定しておる。

彼の化合物でよく目にすることが多いのは歯磨き剤じゃろう。フッ化ナトリウムというフッ素化合物は歯を丈夫にする効果があると考えられているんじゃ。また、表面をフッ素樹脂で加工したフライパンや鍋を見たことはないか？　熱に強く、こげつきにくいなどの特徴があるから、料理するときに重宝されておるぞ。

ワシ（水素）と一緒になったフッ化水素を水に溶かした溶液は、ガラスを溶かすことができるんじゃ。それによってガラスに目盛りをつけたり、ガラス細工をつくるときに使われたりしておるぞ。

フッ化ナトリウムくん

虫歯予防の効果があると考えられているフッ素化合物の1つがフッ化ナトリウムくんじゃ。フッ素さんとナトリウムさんの化合物じゃよ。歯磨き剤や、口をすすぐための洗口剤に入っているぞ。歯医者さんで使われることもあるフッ化ナトリウム液は知っておるかのう？　虫歯は細菌がつくる酸で歯が溶けることで起こるんじゃが、フッ化ナトリウムくんは歯の表面を溶けにくい性質にするんじゃよ。

17 Cl 塩素さん

プールの消毒剤として有名!

> 水の殺菌ならまかせてくれ。

基本データ

- 常温の状態：気体
- 原子量：35.453
- 密度：0.003214g/㎤
- 融点：−100.98℃
- 沸点：−34.1℃
- 発見：1774年

こんな元素じゃ

　塩素さんは黄緑色をした気体で、フッ素さん（→P.70）の次にほかの元素の電子を引きつける力があるぞ。自然では単体で存在しておらず、いつも誰かとくっついて化合物になっておるよ。料理には欠かせない食塩（塩化ナトリウム）をナトリウムさんと一緒につくっているのは有名じゃな。

　また、強い殺菌力があるから、水道やプールの水の消毒に使われておるぞ。ただ、同時に毒もあるから、使ってよい量が決められておるんじゃ。塩素さんの化合物は漂白剤にも利用されるんじゃが、トイレ用などで使われる酸性洗剤と混ぜると、猛毒の塩素ガスが発生するから取扱注意じゃ。

35 Br 臭素さん

ハロゲンファミリー

強い刺激臭がする！

名前の通り、わたしには匂いがあります。

基本データ
- 常温の状態：液体
- 原子量：79.904
- 密度：3.10g/cm³
- 融点：−7.2℃
- 沸点：58.78℃
- 発見：1826年

こんな元素じゃ

　臭素さんの特徴といえば、常温で液体であることじゃ。すべての元素を見渡しても、これは臭素さんと水銀さんの2名だけじゃな。赤褐色の強烈な匂いがする液体で、毒ももっておるぞ。

　塩素さんと比べると反応しにくいんじゃが、それでもたくさんの元素と化合物をつくるぞ。漂白剤に使われたり、プラスチックなどを燃えにくくする難燃剤として使われたりしておるよ。

　ムラサキガイなどの貝の粘液からは、臭素さんを含む紫色の染料がつくられる。昔は紫色の染料が珍しかったから、貴重だったんじゃよ。

53 I ヨウ素さん

ワカメに含まれる！

わたしが炎症を抑えてあげよう。

基本データ
- ◆常温の状態：固体
- ◆原子量：126.9045
- ◆密度：4.93g/cm³
- ◆融点：113.5℃
- ◆沸点：184.35℃
- ◆発見：1811年

こんな元素じゃ

ヨウ素さんは固体で黒紫色をしていて、ワカメなどの海藻にたくさん含まれておるぞ。人の体になくてはならない元素の1つじゃが、ほどほどが肝心。中毒になってしまうこともあるからのう。

細菌やウイルスなどをやっつける殺菌作用をもっているので、ヨードチンキなどの殺菌薬や消毒薬に使われておるんじゃ。ほかには、ハロゲンランプという電球にも使われることがあるぞ。これは名前の通りハロゲンファミリーのヨウ素さんや臭素さんをちょっと入れた白熱電球で、ふつうのものより明るく長持ちなんじゃ。

やっぱりヨウ素さんも反応しやすいんじゃよ。

85 At アスタチンさん

ハロゲンファミリー

すぐに変身してしまう！

不安定なぼくだけど、何かの役に立てないかな？

基本データ
- ◆常温の状態：固体
- ◆原子量：210
- ◆密度：不明
- ◆融点：302℃
- ◆沸点：337℃
- ◆発見：1940年

こんな元素じゃ

　アスタチンさんは、1940年にカリフォルニア大学で人工的につくられた元素じゃ。名前は「不安定」という意味のギリシア語にちなんでつけられたもので、実際、放射線を出しながらほかの元素に変身してしまうんじゃ。短いと1分、長くても8時間程度で変身するとても不安定な元素で、自然界にはほとんど存在しておらん。

　がんの治療方法の1つに放射線を使ったものがある。これは放射性元素が出す放射線で、がん細胞をやっつけてしまおうという方法なんじゃ。だからアスタチンさんも、この放射線治療に使えないかということで研究がされておるそうじゃよ。

希ガスファミリー

ネオンさん⑩

ヘリウムさん②

アルゴンさん⑱

　希ガスファミリーには、軽いほうからヘリウムさん、ネオンさん、アルゴンさん、クリプトンさん、キセノンさん、ラドンさんの6名がおる。みんな似たところが多いファミリーなんじゃよ。その名の通り、常温ではみんな気体なんじゃ。
　沸点が低いところも共通の性質といえるな。ヘリウムさんはとくに低く、約−269℃まで冷やさないと液体にならないぞ。ファミリーでいちばん沸点が高いのはラドンさんじゃが、それでも約−62℃じゃよ。
　ヘリウムさんは電子殻に2個の電子を、それ以外のファミリーはいちばん外側の電子殻に8個

の電子をもっておる。その状態が最も安定した状態なので、希ガスファミリーの元素は、ほかの元素から電子をもらいたいと思ったり、電子をあげたいと思ったりしないんじゃ。孤独でいるのがいちばん楽で、反応したがらないんじゃよ。そのため、化合物の数があまり多くない。ヘリウムさんとネオンさんの化合物にいたっては、1つも見つかっておらんのじゃ。

また、みんな地球の自然の中では少ししか存在しておらんのじゃ。しかも、無色・無臭だから、出会う機会も少ない元素たちじゃな。このファミリーは、元素シティで孤高を愛する高貴な一家といえるじゃろうな。

²He ヘリウムさん

軽くて燃えにくい気体！

あたいは1人でフワフワ浮いてるの。

◆ 基本データ
- ◆ 常温の状態：気体
- ◆ 原子量：4.00260
- ◆ 密度：0.0001785g/cm³
- ◆ 融点：−272.2℃
- ◆ 沸点：−268.934℃
- ◆ 発見：1868年

こんな特色があるぞ

　ヘリウムさんは、色も匂いもない気体じゃ。空気より軽く、あらゆる元素の中でもワシ（水素）の次に軽いんじゃ。宇宙全体では、ワシの次に多く存在するんじゃが、地球の大気中には多くない。軽いのでフワフワと上がっていって、宇宙に逃げてしまうんじゃよ。同じころに誕生したので、ワシからしたら旧友ともいえるな。

　大気中にはとても少ないんじゃが、実は地殻の中でできる天然ガスに含まれておる。彼女はここから取り出されるぞ。

　ヘリウムさんはほかの元素に関心がなく、１人でいるのが大好きなんじゃ。だから、ほかの元素と結びついてできた化合物は見つかっていないんじゃ。

"おひとりさま" が好きな元素なんだね。

ここで働いているぞ

　ワシの次に軽いヘリウムさんは、ワシとは違って燃えないので、風船や飛行船を浮かべるガスに使われておるよ。身近なところでは、声が高くなるパーティーグッズで有名じゃないかな？　ただ、あれはヘリウムさんに酸素さんを混ぜたガスなんじゃ。彼女自体に毒はないが、ヘリウムさんだけを吸うと窒息する可能性があるから注意しておくれ。酸素さんと混ざったガスは、酸素ボンベにも使われておるよ。

　また、沸点があらゆる元素の中で最も低く、約－269℃なので、液体ヘリウムは強力な冷却剤になるんじゃ。医療用のＭＲＩやリニアモーターカーに用いられる超伝導電磁石を冷やして、電気抵抗をなくすことに使われておるぞ。

元素の豆知識　希ガスの化合物

　希ガスファミリーは反応しにくいから化合物が少ないぞ。しかし、まったくないわけでもないんじゃ。実は、キセノンさんはフッ素さんや酸素さんなどとの化合物がけっこうあるんじゃ。また、クリプトンさんやラドンさんにも化合物があるぞ。アルゴンさん（→P.82）の化合物であるアルゴンフッ化水素化物は、2000年になって発見されたんじゃ。けっこう最近のことじゃな。ただ、残念ながらヘリウムさんとネオンさんの化合物はまだ見つかっておらん……。どこかにあるかのう。

10 Ne ネオンさん

ネオンサインになる！

ぼくの出す光はとってもムーディーでしょ。

基本データ
- ◆ 常温の状態：気体
- ◆ 原子量：20.179
- ◆ 密度：0.0009002g/cm³
- ◆ 融点：−248.67℃
- ◆ 沸点：−246.048℃
- ◆ 発見：1898年

希ガスファミリー

こんな特色があるぞ

　ネオンさんは色も匂いもない気体で、大気中にほんの少しだけ存在しておるよ。そのため、ネオンさんは空気を液体にしてから取り出されて使われておるんじゃ。
　ほかの元素と反応しにくい希ガスファミリーの中でも、ヘリウムさんとネオンさんはとくに反応しないぞ。化合物もまだ見つかっておらぬ。

　気体から液体になるときに、ものすごく体積が小さくなるのも特徴じゃな。ふつう気体から液体になるときには、1/500〜1/800くらいになるんじゃが、ネオンさんの場合はなんと1/1400にもなる。液体にすれば、かさばらなくなるので持ち運びに便利ということじゃな。

> ギリシア語で「新しい」という意味の「ネオス」が由来なんだって。

ここで働いているぞ

　ネオンさんの活躍場所ですぐに思いつくのは、なんといってもネオンサインじゃろうな。ガラス管に少しだけ入れて電圧をかけると、赤橙色の光が出るんじゃ。
　この現象はほかにも、ヘリウムさんやアルゴンさんなど、いくつかの元素でも起きるぞ。ガラス管の中の元素によって色が違うので、組み合わせることでいろいろな色になるんじゃ。必要な電力も少なくてすむので、広告用の看板などに使われておる。とってもムードがあるのう。
　また、ヘリウムさんと混ぜたガスが、レーザー光を出すために使われることもあるぞ。バーコードリーダーなどに使われるんじゃ。もっとも最近では、半導体を使ったレーザーが増えているようじゃがのう。

元素の豆知識　ネオンサインの色

　ネオンさんを入れる電極のついたガラス管を「ネオン管」というぞ。使われるのはネオンさんだけじゃなく、ヘリウムさんを入れると黄色、アルゴンさんを入れると赤〜青色になるんじゃ。そのほかにも、クリプトンさんでは黄緑色、キセノンさんは青〜緑色の光が出る。希ガスファミリー以外の元素が入ることもあって、水銀さんは青緑色、窒素さんは黄色の光が出るんじゃよ。これらの元素たちを組み合わせることで、いろいろな色を出しておるんじゃな。

18 Ar アルゴンさん

> ぼくは「なまけもの」じゃないやい。

酸化するのを防ぐ！

基本データ
- 常温の状態：気体
- 原子量：39.948
- 密度：0.00017834g/cm³
- 融点：−189.2℃
- 沸点：−185.86℃
- 発見：1894年

こんな元素じゃ

　アルゴンさんは大気中に0.93％含まれておる。少ないように思うかもしれんが、これでも大気中では窒素さん、酸素さんの次に多い気体なんじゃ。空気より重く、色や匂いはない。反応しにくいから化合物もほとんどないんじゃ。
　名前の由来はギリシア語で「なまけもの」という意味じゃが、アルゴンさんは、白熱電球や蛍光灯の中で活躍しておるぞ。白熱電球のフィラメントを守ったり、蛍光灯の光を安定させたりしておるんじゃ。
　また、彼は酸素さんと反応しないから、ワインの酸化や、溶接作業のときの金属の酸化も防ぐガンバリ屋なんじゃ。

36 Kr クリプトンさん

希ガスファミリー

熱が伝わりにくい！

わたしは電球を守るスーパーマンさ。

◆ 基本データ
- 常温の状態：気体
- 原子量：83.798
- 密度：0.003733g/cm³
- 融点：−156.6℃
- 沸点：−153.35℃
- 発見：1898年

こんな元素じゃ

　クリプトンさんは大気中に0.000114％しかなく、色も匂いもない気体じゃ。

　アルゴンさんの代わりにクリプトンさんを入れた電球もあって、「クリプトン球」と呼ばれておる。ふつうの電球よりも明るくて長持ちなんじゃ。クリプトンさんに高い電圧をかけると、青白い光を放つことから、カメラのストロボにも使われておるぞ。

　また、2枚のガラスの隙間にクリプトンさんを入れてあるタイプの窓は、断熱性がいいと評判じゃ。彼は熱が伝わりにくい性質をもっているからのう。

　余談じゃが、有名なスーパーマンの故郷は「クリプトン星」というんじゃよ。

54 Xe キセノンさん

とても存在量が少ない！

あたいの光は自然光に近いの。

基本データ
- ◆ 常温の状態：気体
- ◆ 原子量：131.293
- ◆ 密度：0.005887g/cm³
- ◆ 融点：−111.9℃
- ◆ 沸点：−108℃
- ◆ 発見：1898年

こんな元素じゃ

　キセノンさんは0.0000087％しか大気中にない気体じゃ。色も匂いもないぞ。
　彼女に電圧をかけて発光させるキセノンランプにはフィラメントがないので、長持ちするんじゃ。また、使う電力が少なくてすむうえ、太陽の光に似た明るい光を出すんじゃよ。それで、電車や自動車のヘッドライト、ストロボなどに使われておるぞ。
　キセノンさんは宇宙でも大活躍じゃ。日本の小惑星探査機「はやぶさ」はイオンエンジンを使って宇宙飛行したんじゃが、このエンジンはイオン化したガスの電気の力で前に進むんじゃ。実は、このガスに使われたんじゃよ。イオンエンジンはとても燃費がいいぞ。

86 Rn ラドンさん

希ガスファミリー

放射性の温泉成分！

ぼくのいる温泉においでよ。

基本データ
- ◆ 常温の状態：気体
- ◆ 原子量：222
- ◆ 密度：0.00973g/cm³
- ◆ 融点：−71℃
- ◆ 沸点：−61.8℃
- ◆ 発見：1900年

こんな元素じゃ

　ラドンさんは放射能をもった気体じゃ。しかし、色や匂いはなく、気体の中で最も重い元素なんじゃ。

　キュリー夫妻がラジウムさん（→P.27）に触れた空気が放射能をもっていることに気づいたんじゃが、実はその空気の正体がラドンさんだったんじゃ。ラジウムさんが壊れて、ラドンさんに変身しておったんじゃよ。彼の名前はラジウムさんにちなんでおる。

　ラドンさんやヘリウムさんは地殻の中で生まれるので、地下水や天然ガスの中に含まれておる。彼は温泉に溶け出すこともあり、一定以上含まれた温泉は、「ラドン温泉」とか「ラジウム温泉」と呼ばれておるぞ。

遷移金属ファミリー

スカンジウムさん㉑
チタンさん㉒
バナジウムさん㉓
クロムさん㉔
マンガンさん㉕

イットリウムさん㊴
ジルコニウムさん㊵
ニオブさん㊶
モリブデンさん㊷
テクネチウムさん㊸

ハフニウムさん㉒
タンタルさん㉓
タングステンさん㉔
レニウムさん㉕
オスミウムさん㉖

ラザホージウムさん⑭
ドブニウムさん⑮
シーボーギウムさん⑯
ボーリウムさん⑰
ハッシウムさん⑱

金さん㊲

遷移金属ファミリーはとても数が多いのう。金さん、銀さん、銅さんや鉄さんといったなじみのあるものから、モリブデンさんやオスミウムさんといったあまり名前を聞いたことがなさそうなものまで、34名もいるんじゃ。ランタノイドファミリーやアクチノイドファミリーの元素たちも、同じファミリーの仲間じゃが、彼らはあとで別に紹介するぞ。

その名の通り、このファミリーの元素たちはみんな金属じゃ。金属光沢をもっていて、全員色がついておる。もちろん個人差はあるが、電気をよく通すし、熱も伝わりやすいんじゃ。金属の原子どうしがつながると、それぞれの原子の電子殻が重なり合ったような状態になって、電子が

　あちこち自由に行ったり来たりできるようになる。こういった電子のことを「自由電子」というぞ。自由電子があるおかげで電気が通りやすいんじゃな。また、金属に光沢があるのも自由電子があるからじゃ。外から来た光を自由電子がはね返してしまうんじゃよ。さらに、金属は薄くしたり細長くしたりすることができるが、原子どうしの並び方が変わっても、電子が自由に動けるからできることなんじゃ。

　このような性質をもっておるから、遷移金属ファミリーの元素たちは工業や電気産業で大活躍じゃ。彼らは元素シティを支えるサラリーマン一家なんじゃよ。

79 Au 金さん

大昔から愛された黄金の元素！

わたくしは電子産業でも活躍してますわ。

基本データ
- 常温の状態：固体
- 原子量：196.9665
- 密度：19.32g/cm³
- 融点：1064.43℃
- 沸点：2800℃
- 発見：不明

こんな元素じゃ

金さんはその名の通り金色に輝く金属じゃ。その美しい光沢から、大昔より装飾品に使われてきたぞ。

金さんは、ほかの元素と反応しにくい性質がある。だから、腐食しにくいんじゃ。また、やわらかくて加工しやすい。薄く加工した金箔などを見れば納得じゃろう。叩いて伸ばしていくと、0.0001mmまで薄くできるそうじゃ。そして、電気や熱をよく伝える性質ももっておるぞ。

こんな性質があることから、彼女は装飾品だけではなく、電子機器でも活躍しておる。パソコンなどの電子部品の接合部分には、金メッキが使用されておるんじゃ。

47 Ag 銀さん

遷移金属ファミリー

最も光を反射する元素！

基本データ
- ◆ 常温の状態：固体
- ◆ 原子量：107.8682
- ◆ 密度：10.50g/c㎥
- ◆ 融点：961.93℃
- ◆ 沸点：2210℃
- ◆ 発見：不明

こんな元素じゃ

銀さんは文字通り銀色の金属光沢をもった金属じゃ。昔から装飾品や食器などで使われてきたんじゃよ。

すべての金属の中で、電気と熱がいちばん伝わりやすい性質をもっておる。金さんほどではないが、加工もしやすい。金さんと違うところは化合しやすい点じゃ。

彼には殺菌・消臭効果もあるぞ。

---

29 Cu 銅さん

最も古くから使われる金属！

基本データ
- ◆ 常温の状態：固体
- ◆ 原子量：63.546
- ◆ 密度：8.96g/c㎥
- ◆ 融点：1083.4℃
- ◆ 沸点：2570℃
- ◆ 発見：不明

こんな元素じゃ

銅さんは赤い金属光沢をもつ金属じゃ。電気と熱の伝わりやすさは銀さんに次いで2番目じゃ。銀さんよりも値段が安いので電線などでよく使われておるぞ。

最も古くから利用されている金属で、大昔から現在まで合金としてもよく使われておる。実は1円玉以外の硬貨はどれも銅さんと別の金属の合金なんじゃ。

ランタノイドファミリー

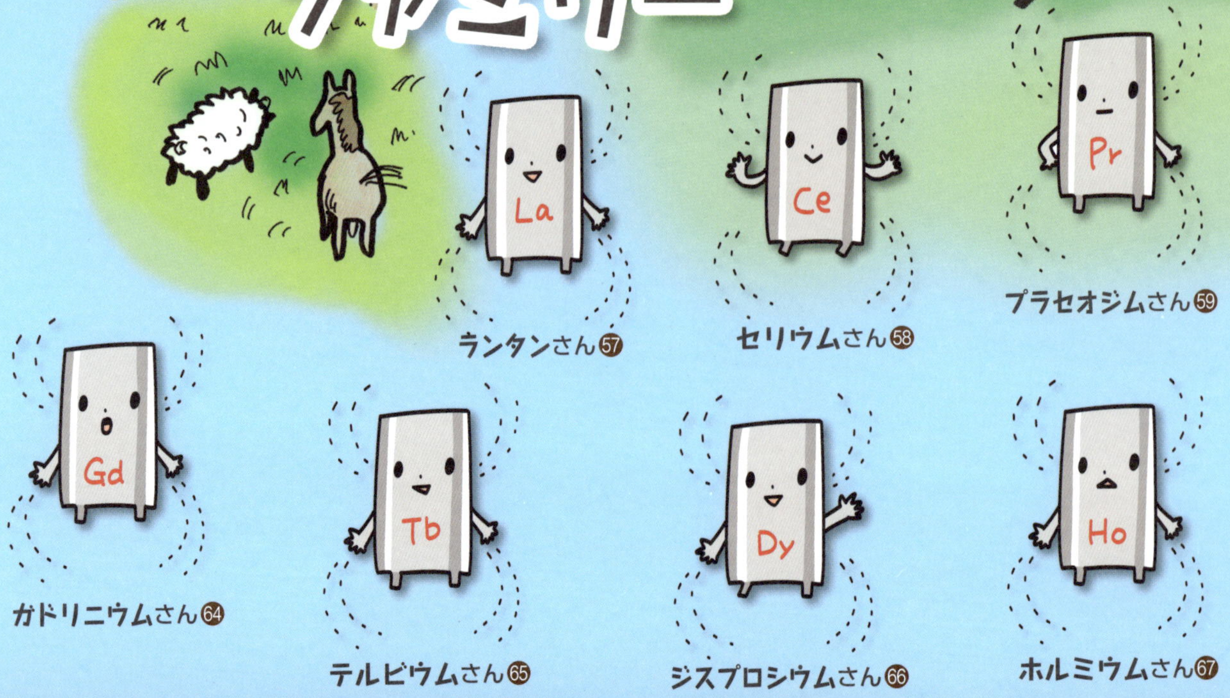

La
Ce
Pr
ランタンさん(57)
セリウムさん(58)
プラセオジムさん(59)
Gd
Tb
Dy
Ho
ガドリニウムさん(64)
テルビウムさん(65)
ジスプロシウムさん(66)
ホルミウムさん(67)

ランタノイドファミリーは、ランタンさんからルテチウムさんまで15名の元素がおる。ランタノイドというのは、ランタンさんにちなんだ名前じゃな。

遷移金属ファミリーの仲間でもあるんじゃが、その中でもとくに性質が似た元素たちが集まったファミリーなんじゃよ。みんな銀白色の金属で、酸素さんと結びつきやすい。また、磁石になりやすいという共通の性質をもっておるぞ。

それぞれの元素の名前はあまり聞いたことがないかもしれんが、このファミリーは「レアアース(希土類)」とも呼ばれておって、実は世の中でけっこう役に立っておるものが多いんじゃぞ。

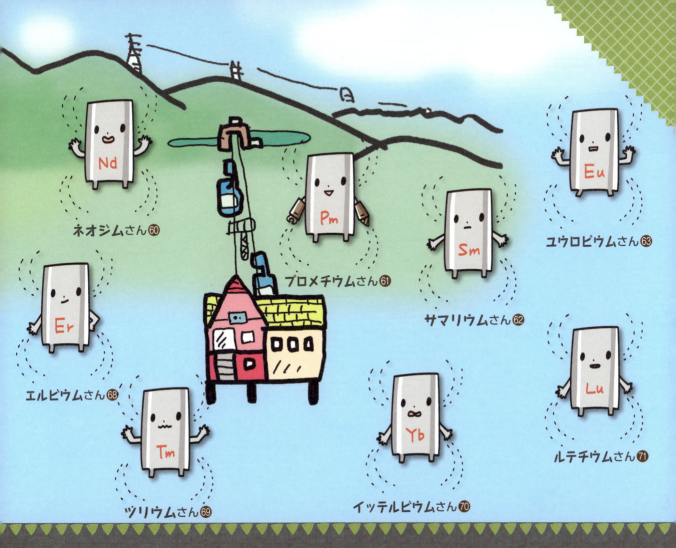

　例えばネオジムさんやサマリウムさんはものすごく強力な磁石の材料になることで有名じゃ。とくにネオジムさんを使った磁石は、最強の磁力をもつのじゃよ。ランタンさんは望遠鏡などのレンズの性能を上げるのに使われていたり、ジスプロシウムさんは非常口の標識などの夜光塗料として使われていたりする。インターネットで情報を伝えるときなどに必要な光ファイバーには、エルビウムさんやツリウムさんが使われておるぞ。
　ちなみに、遷移金属ファミリーのスカンジウムさんとイットリウムさんも加えると、レアアースは全部で17名になるぞ。

アクチノイド ファミリー

アクチニウムさん⑧⑨　トリウムさん⑨⓪　プロトアクチニウムさん⑨①

キュリウムさん⑨⑥　バークリウムさん⑨⑦　カリホルニウムさん⑨⑧　アインスタイニウムさん⑨⑨

アクチノイドファミリーには、アクチニウムさんをはじめとした15名の元素たちがおるぞ。アクチノイドはアクチニウムさんにちなんでつけられたものじゃな。
　遷移金属ファミリーの仲間じゃが、ランタノイドファミリーと同じく、とくに性質が似た元素たちが集まったファミリーじゃ。全員が放射能をもっておって、中でもウランさんとプルトニウムさんは放射線を発生する期間が長いんじゃ。
　ウランさんとプルトニウムさんは、原子力発電などの関係でよくニュースに登場するから、名前くらいは聞いたことがあるのではないかな。ウランさんは原子力発電所で核燃料として使われ

　ておる。プルトニウムさんも核燃料として使われるほか、原子力電池の材料にも使われておるぞ。また、悲しい話じゃが、この２名は原子力爆弾に使われてしまったこともあるんじゃ。
　アクチニウムさん、トリウムさん、プロトアクチニウムさん、ウランさんの４名は自然の中でも存在しておるが、それ以外はみんな人工的につくられた元素たちじゃ。ただし、ネプツニウムさんとプルトニウムさんは自然にもほんの少しだけ存在しておるようじゃ。ウランさんより重い、人工的につくられた元素たちは「超ウラン元素」と呼ばれることもあるぞ。超ウラン元素たちは自然界にほぼ存在しないため、性質などわかっていないことが多いのじゃ。

ニホニウム ファミリー

コペルニシウムさん112の家

ニホニウムくん113

　このファミリーは、最近になって発見された元素たちじゃ。正式に名前が認められているものは、2010年に認められた112番元素のコペルニシウムさん、2012年に認められた114番元素のフレロビウムさんと116番元素のリバモリウムさんの3名がおるよ。

　キミ（ニホニウムくん）は113番元素で、日本ではじめて発見された元素なんじゃ。元素の名前は発見者がつけることになっておるが、2015年12月に理化学研究所の研究グループが正式に発見者と認められたため、この研究グループが「日本」にちなんで、ニホニウムと名づけたんじゃよ。

　ニホニウムくんの名前が正式に確定するのは、もうすぐなんじゃ！　キミは、亜鉛さんとビスマ

スさんを何度も衝突させてやっとつくることができたんじゃが、まだ詳しい性質は謎のままじゃ。
　実は、ニホニウムくんと同様に発見者が認められて、名前が提案されている元素が3名おるぞ。地名が名前の由来となっているものは、ロシアの首都モスクワにちなんだ115番元素のモスコビウムさんと、アメリカのテネシー州にちなんだ117番元素のテネシンさんがおる。118番元素はロシアの物理学者ユーリ・オガネシアンの名前にちなんでオガネソンと名づけられておるぞ。
　彼らも、わが元素シティの住人になる予定で、これからやって来るんじゃが、どんな元素たちなのかワシも楽しみじゃのう。

【監修者略歴】

宮村一夫（みやむら・かずお）

東京理科大学理学部化学科教授。工学博士。東京大学工学部卒、同大学院研究科修士課程修了、博士課程中退後、1982年に東京大学工学部助手。同大講師を経て、1998年に東京理科大学助教授、2004年より現職。専門は無機化学、錯体化学。とくに分子配列の制御と観察を研究している。主な著書に『ゼロから学ぶ元素の世界』（講談社）などがある。

【イラストレーター略歴】

ほりたみわ

イラストレーター、キャラクターデザイナー、熊手職人。東京造形大学卒業後、デザイン事務所、ゲーム会社などを経てフリーに。イラストレーター、キャラクターデザイナーとして、雑誌、書籍、web、ムービーなど、いろいろなメディアで活動中。取引先は省庁、大手レコード会社、テレビ局、出版社など、さまざま。熊手職人として、熊手の展示即売個展「ほりたみわ酉の市」を開催。

ライター：岡本典明(株式会社ブックブライト)
編集協力：ジーグレイプ株式会社

【参考文献】
『元素のすべてがわかる図鑑』若林文高 監修(ナツメ社)
『元素111の新知識　第2版増補版』桜井弘 編(講談社)
『世界で一番楽しい元素図鑑』ジャック・チャロナー(エクスナレッジ)
『よくわかる元素図鑑』左巻健男・田中陵二(PHP研究所)
『元素がわかると化学がわかる』齋藤勝裕(ベレ出版)
『最新図解 元素のすべてがわかる本』山本喜一 監修(ナツメ社)
『元素がわかる事典』宮村一夫 監修(PHP研究所)
『目で見る元素の世界』齊藤幸一 編(誠文堂新光社)
『元素の事典(縮刷版)』馬淵久夫 編(朝倉書店)
『化学辞典』大木道則・大沢利昭・田中元治・千原秀昭 編(東京化学同人)

元素シティへGO！

2016年9月25日　初版第1刷発行

監修者　　宮村一夫
イラスト　ほりたみわ
発行者　　小山隆之
発行所　　株式会社 実務教育出版
　　　　　〒163-8671　東京都新宿区新宿1-1-12
　　　　　電話　03-3355-1812(編集)　03-3355-1951(販売)
　　　　　振替　00160-0-78270

印刷／文化カラー印刷　製本／東京美術紙工

©g.Grape Co.,Ltd. 2016　Printed in Japan
ISBN978-4-7889-1197-0　C0043

本書の無断転載・無断複製(コピー)を禁じます。
乱丁・落丁本は本社にておとりかえいたします。